Erik Kurzke

Probleme des Tourismus in Thailand

GRIN Verlag

Bibliografische Information der Deutschen Nationalbibliothek:

Die Deutsche Bibliothek verzeichnet diese Publikation in der Deutschen National-
bibliografie; detaillierte bibliografische Daten sind im Internet über http://dnb.d-
nb.de/ abrufbar.

Impressum:

Copyright © 2010 GRIN Verlag GmbH
Druck und Bindung: Books on Demand GmbH, Norderstedt Germany
ISBN: 978-3-640-75236-2

Dieses Buch bei GRIN:

http://www.grin.com/de/e-book/161281/probleme-des-tourismus-in-thailand

Ernst-Moritz-Arndt-Universität Greifswald
Institut für Geographie und Geologie

Hauptseminar
Thema:
„Regionale Geographie Süd- und Südostasiens"

Hauptseminararbeit

Probleme des Tourismus in Thailand

Erik Kurzke

Inhaltsverzeichnis

1. Einleitung

„Was Besseres kann denen gar nicht passieren eigentlich"
(deutscher Urlauber o. N.)[1]

Diese Einschätzung stammt von einem so genannten deutschen Sextouristen als Einschätzung seiner finanziellen Unterstützung der thailändischen Prostituierten nach dem Tsunami Ende 2004 und gab somit seinem Reisemotiv, in Thailand mit einheimischen Frauen gegen Bezahlung Sex zu haben, einen entwicklungshelfenden Charakter. Moralische Bedenken wegen der Prostitution in Thailand hatte er augenscheinlich nicht. Während nach dem Tsunami 2004 noch einige Leichen am Strand geborgen werden, laufen schon die ersten asiatischen Frauen auf der Suche nach Freiern und Geld der Touristen herum. Thailand ist eines der beliebtesten Destinationen für Prostitutionstouristen (=Sextouristen) geworden und setzt trotz Verboten und gesellschaftlicher Verachtung in vielen Regionen auf genau diesen Wirtschaftszweig. Spezielle Infrastruktur, d.h. Massagesalons angereiht an Go-Go-Bars und anderen Vergnügungseinrichtungen, in so genannten Sextourismuszentren wie Bangkok oder Phuket lassen nicht das Gefühl aufkommen, dass Sextourismus nicht gewollt wäre. Viele Sextouristen haben daher kein schlechtes Gewissen, sondern fühlen sich wie im Paradies und so kann es passieren, dass regelmäßige sexuelle Kontakte freundschaftliche oder Liebesgefühle entstehen lassen und seitens der Touristen längst nicht mehr von Prostitution sondern eher von Hilfe und Unterstützung gesprochen wird.

Die Tatsache, dass in Thailand der Tourismus zu einem der wichtigsten Wirtschaftszweige gehört[2], ist nicht von der Hand zu weisen. Auch dass viele thailändische Frauen aus verschiedenen finanziellen Motiven und Nöten heraus Prostitution betreiben, ist bittere Realität. Somit ist die finanzielle Unterstützung durch die Sextouristen zwar faktisch gegeben, gibt jedoch genug Zündstoff für eine Diskussion über Werte und Moral. Der Tourismus in Thailand hat mehrere Dimensionen, sowohl positive als auch negative. Natürlich ist der Tourismus aus Thailands Einnahmen nicht mehr wegzudenken, jedoch sind damit politisch-

---

[1] o. N.: Die Rückkehr der Sextouristen - Tsunami, Armut + Gewalt ¼, unter:
http://www.youtube.com/watch?v=4AVwyxSm2X8, eingesehen am 22.11.2009.
[2] Reuber, Paul: Probleme des Tourismus in Thailand, in: Geographische Rundschau, Jg. 55, Heft 3, 2003, S. 14-19, hier S. 14.

planerische, soziale und ökologische Probleme verbunden. Mit dem mittlerweile nicht nur für Thailand sondern auch für andere (Entwicklungs-) Länder typischen Sextourismus kommt eine weitere gesundheitliche Dimension (vor allem, aber nicht nur AIDS) dazu.

Genau mit diesen Problemen beschäftigt sich diese Arbeit und legt ihren Schwerpunkt daher auf den Sextourismus in Thailand. Bevor jedoch auf die Probleme hingewiesen wird, soll zunächst ein kurzer allgemeiner Überblick über Thailands touristische Entwicklung gezeigt werden. Auch speziell auf die Entwicklung des Sextourismus in Thailand mit den historischen Hintergründen soll kurz eingegangen werden. Um einen kleinen Einblick zu erhalten, wie und wo Bekanntschaften von Sextouristen mit einheimischen Frauen stattfinden und welche Strukturen sich dahinter verbergen, werden hier einige beliebte Settings des Sextourismus, also so genannte Sextourismuszentren vorgestellt. Neben dem Sextourismus werden ebenfalls Kinderprostitution und AIDS als spezielle Problemfelder beschrieben. Im Anschluss daran findet sich ein kleiner Überblick speziell über deutsche Sextouristen, deren Altersverteilung, Ausbildungsgrad und anderer Parameter basierend auf einer Umfrage deutscher Sextouristen von KLEIBER und WILKE Anfang der 90er Jahre.[3]

Es kann allgemein nur auf wesentliche Probleme des Tourismus in Thailand hingewiesen werden, wie Müll- und Abwasserentsorgung, Trinkwasseraufbereitungen, Landnutzungskonflikte und Sextourismus, da sonst der Rahmen der Arbeit gesprengt würde. Es handelt sich um eine Referatsverschriftlichung zu einem Vortrag, der im Rahmen des Hauptseminars „Regionale Geographie Süd- und Südostasiens", geleitet von Martin Hirschnitz-Garbers, am Institut für Geographie und Geologie der Ernst-Moritz-Arndt-Universität im Wintersemester 09/10 gehalten wurde.

---

[3] Kleiber, Dieter/Wilke, Martin: Aids, Sex und Tourismus. Ergebnisse einer Befragung deutscher Urlauber und Sextouristen (Schriftenreihe des Bundesministeriums für Gesundheit, Bd. 33), Baden-Baden 1995.

2. Tourismus in Thailand

„Entdecken Sie Thailand! Ein Land, das alles bietet: Auf den Spuren fernöstlicher Kultur kön-nen Sie sich an den schönsten Stränden erholen oder sich in das Nachtleben der Großstädte stürzen."[4]

(Karl-Heinz Buschmann)

In dieser Form präsentiert sich Thailand in den Reiseführern: „smooth as silk" (sanft wie Sei-de). Die Tourism Authority of Thailand (TAT), Thai Airways und die ausländischen Reisever-anstalter charakterisieren Thailand als eine „touristical imagination".[5] Ein absolutes Traum-land, wo sich der Tourismus in die Kultur und in den Alltag der Menschen unkompliziert in-tegriert, so hat es den Anschein. Doch wer Thailand und andere Länder Süd- und Südost-asiens einmal näher betrachtet, begreift schnell, dass der Tourismus eine unverzichtbare wirtschaftliche Einnahmequelle darstellt, jedoch auch Konsequenzen nach sich zieht, die sich zum Teil verheerend auf die Landschaft und auf die Gesellschaft auswirken. Während diese Nachteile in Thailand sowohl in den Medien als auch in der Politik angeregt diskutiert wer-den, bleiben solcherlei notwendige Diskussionen in vielen anderen Ländern aus.[6]

Thailand verdankt seiner einzigartigen Landschaft und Gastfreundschaft, dem touristischen Angebot (Tauchen, Baden, Trekking, alte Tempelanlagen und Ruinen etc.) und der touristi-schen Infrastruktur wie Hotels sowie auch wegen den gesellschaftlichen und politischen Problemen der Konkurrenzstaaten im internationalen Fremdenverkehr (und nicht zu verges-sen auch der Nachbarstaaten) ein seit Mitte der 1980er Jahre durchschnittlich zweistelliges Wachstum im Tourismussektor (siehe Abb. 01).[7]

Nur durch äußere Einflüsse wurde der rasante Anstieg unterbrochen, angefangen bei den Öl- und Weltwirtschaftskrisen von 1976 und 1982, dem Golfkrieg von 1991, der Asienkrise von 1997/1998 sowie den Terroranschlägen des 11. September 2001 und der Tsunamikatastro-phe 2004 mit ihren Auswirkungen auf den internationalen Tourismus (siehe Abb. 01).

---

[4] Buschmann, Karl-Heinz: Thailand. Reisen mit Insider-Tips, in: Ranft, Ferdinand: Marco Polo, 7. aktual. Aufl., Ostfildern 1999, S. 5.

[5] Reuber, Paul: Probleme des Tourismus in Thailand, S. 14.

[6] Reuber, Paul: Probleme des Tourismus in Thailand, S. 14.

[7] Libutzki, Oliver: Strukturen und Probleme des Tourismus in Thailand, in: Becker, Christoph u. a. (Hrsgg): Geographie der Freizeit und des Tourismus. Bilanz und Ausblick, 2. Aufl., München 2004, S. 679-690, hier S. 679.

Abb. 1: Touristenankünfte und Einnahmen aus dem Tourismus (1960-2000)

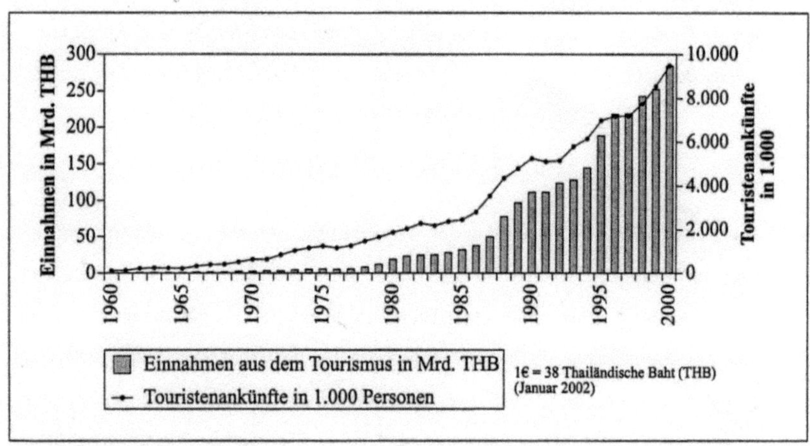

(Abb. 01: Quelle: Libutzki, Oliver: Strukturen und Probleme des Tourismus in Thailand, S. 679.

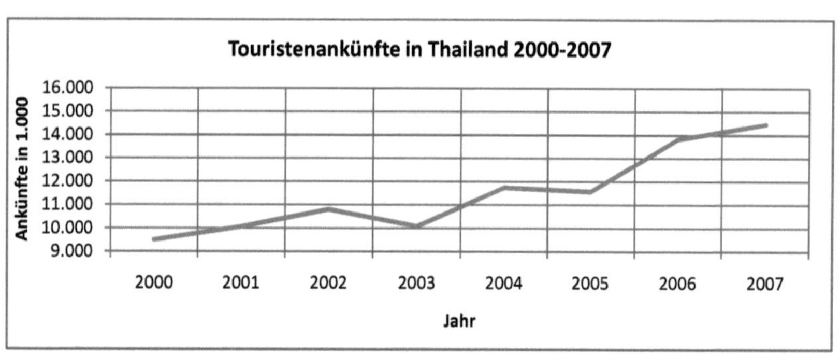

Abb. 02: eigene Darstellung: Quelle: Tourism Authority of Thailand, Ministry of Tourism and Sports, unter: http://web.nso.go.th/, eingesehen am 21.11.2009.

Wie in Abb. 01 und Abb. 02 gut nachzuvollziehen ist, hat Thailand jedoch im Zuge des hohen Bedeutungszuwachses in der Tourismusbranche entsprechend hohe Deviseneinnahmen erzielt, die dazu beigetrugen, dass sich der Staat im Vergleich zu anderen asiatischen Ländern, wie Indonesien oder den Philippinen, schneller von den Krisen erholen konnte.[8] Im touristischen Vergleich steht Thailand an der Spitze Südostasiens mit Erreichung des Schwellenwertes von 10 Mio. Ankünften im Jahr 2001 (siehe Abb. 02).[9]

---

[8] Libutzki, Oliver: Strukturen und Probleme des Tourismus in Thailand, S. 679.
[9] Reuber, Paul: Probleme des Tourismus in Thailand, S. 14.

Damals reisten zwei Drittel der ausländischen Touristen aus Asien nach Thailand, wobei aus Malaysia (1,1 Mio.) und Japan (1,2 Mio.) die meisten kamen (Abb. 03.). Erstaunlich ist, dass bei einer Flugzeit von 11-14 Stunden die Europäer etwa 25% der ausländischen Ankünfte ausmachten[10], wobei die Deutschen mit ca. 390.000 Touristen 5% der internationalen Ankünfte bildeten (Abb. 03.). Das Reiseziel Thailand bleibt nachwievor eines der beliebtesten der Deutschen, sind doch bis 2007 die Ankünfte auf 537.200 gestiegen, wie man auf Abb. 04

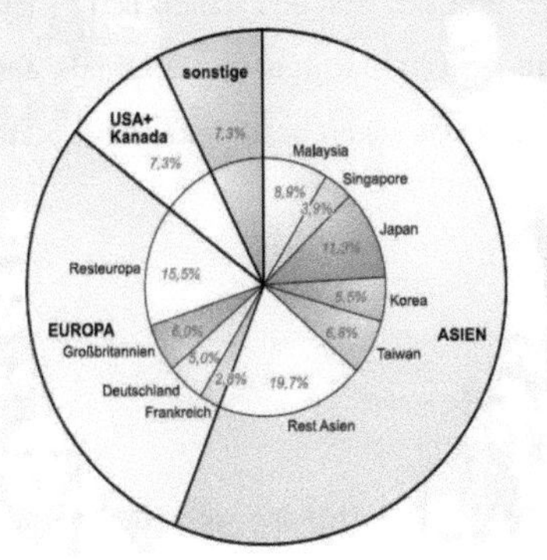

Abb. 04: Quelle: Eigene Darstellung, Daten entnommen von: Tourism Authority of Thailand, eingesehen am 21.11.2009.

Abb. 03: Ausländische Ankünfte in Thailand 2001: Quelle: Reuber ‚Paul: Probleme des Tourismus in Thailand, S. 15.

nachvollziehen kann.[11] Bei den Bewohnern der Nachbarstaaten Thailands, wie den Malaien, handelte es sich bei den Ausflügen meist um Kurzaufenthalte, also um durchschnittlich 3-4 Tage. Die Deutschen blieben im Jahr 2001 im Vergleich dazu durchschnittlich 17,5 Tage in Thailand.[12]

Die Bedeutung des Tourismus in Thailand wird erst auf den zweiten Blick richtig deutlich und reicht weit über die Zahlen hinaus, die sowieso schon schwer zu fassen sind. Der Binnentourismus (z. B. Ko Samet, Teile Phukets u.a.) spielt eine wesentliche Rolle, der jedoch eine quantitative Erfassung nicht zulässt, was zum einen auf halbformelle Geschäftspraktiken in Hotels und Restaurants zurückzuführen ist. Zum anderen werden ergänzende Dienstleistungen der Fremdenverkehrsinfrastruktur sowie der Verkauf von Produkten im informellen Sek-

---

[10] Reuber, Paul: Probleme des Tourismus in Thailand, S. 14.
[11] Tourism Authority of Thailand, Ministry of Tourism and Sports, unter: http://web.nso.go.th/, eingesehen am 21.11.2009.
[12] Reuber, Paul: Probleme des Tourismus in Thailand, S. 15.

tor, also in dem Wirtschaftssektor, der sich jeglicher statistischen Erhebung entzieht[13], erbracht.[14] Jede kleine Ticketagentur, jeder Internet-Laden, Auto- und Motorradverleih, jede Küche und jeder Verkaufsstand profitiert letztendlich vom Tourismus. Hier wird deutlich, was dies für den Arbeitsmarkt bedeutet. Es entstehen indirekte Arbeitsplätze, die letztendlich vom Tourismus abhängen oder die sich wegen des Tourismus gebildet haben und mittlerweile auch tourismusunabhängig ihr Geld verdienen (z.B. Baufirmen etc.). Es ist ein fortlaufender Prozess der sich mit Zahlen nur schwer erfassen lässt und ständig aktualisiert werden müsste. Fakt ist, dass Dunkelziffern sowohl im Übernachtungsgewerbe und auch auf dem Arbeitsmarkt entstehen, die weit über die sowieso schon beeindruckenden Statistiken hinausgehen.[15]

3. Probleme des Tourismus in Thailand

Unter Berücksichtigung der Zuwachszahlen der Ankünfte in Thailand wird deutlich, dass sich die daraus resultierenden Probleme faktisch verstärkt haben und verstärken werden. Was als „Problem" bezeichnet wird, bleibt meist im Auge des Betrachters je nach politischen Einstellungen und Werten. Viele internationale Diskussionen werden meist so geführt, dass auf ähnliche Schwierigkeiten bei anderen Ländern hingewiesen wird um von Konflikten vor der eigenen Haustür abzulenken. Außergewöhnlich ist jedoch, dass die Schwierigkeiten, die aus dem thailändischen Tourismus resultieren, aus Eigeninitiative des Landes selbst offen dargestellt und Lösungen gesucht werden.[16]

Die nachfolgenden Aspekte sind als offensichtliche aus dem Tourismus resultierende Probleme anzusehen und sollen kurz erläutert werden.

3.1. Profitorientierte Tourismuspolitik, Raumnutzungskonflikte und Korruption

Ein gewisser Teufelskreis ist der Ausbau von Küstenabschnitten aber auch Regionen im Inland mit Fremdenverkehrsinfrastruktur, was sich auf Umwelt und Bevölkerung negativ aus-

---

[13] Wikipedia: Informeller Sektor, unter: http://de.wikipedia.org/wiki/Informeller_Sektor, eingesehen am 03.02.2010.
[14] Reuber, Paul: Probleme des Tourismus in Thailand, S. 15.
[15] Reuber, Paul: Probleme des Tourismus in Thailand, S. 15.
[16] Reuber, Paul: Probleme des Tourismus in Thailand, S. 19.

wirkt. Der Staat zerstört paradoxerweise nach und nach sein touristisches Kapital, nämlich die wunderschöne Landschaft gerade durch die touristische Erschließung. Auf der Angebotsseite mag dies zunächst ein Vorteil sein denn durch den Ausbau ist mit weiteren Einnahmen zu rechnen[17], doch unter ökologischen und sozio-kulturellen Gesichtspunkten hat es auch Nachteile. Das Hauptproblem ist die Ausrichtung auf die absolute Maximierung der Deviseneinnahmen durch den Tourismus. Der Tourismus ist in vielen südostasiatischen Ländern durch Massentourismus und dadurch extreme Umweltbelastungen geprägt. Die Regierung hat auch einige Nationalparks für Touristen geöffnet woraus sich für den Naturraum verheerende Auswirkungen ergeben dürften.[18] Im Rahmen des Ausbaus der Fremdenverkehrsnetze entstehen viele Raumnutzungskonflikte.

Nach Befragungen von Ressortbesitzern auf Ko Chang stellte sich heraus, dass die Entwicklung der Umgestaltungen nach deren Einschätzungen in einem rasanten Tempo stattfindet und die lokale Bevölkerung dabei ignoriert, d.h. nur mangelhaft integrieren wird. Auch wurden Korruption und die Gefahr des Ausverkaufs der lokalen Standortressourcen an Investoren als eine Folge dieses Prozesses angesehen.[19] Ein wichtiges Element hierin ist die Landspekulation, indem Spekulanten und Geschäftsleute an Landerschließungen von touristisch attraktiven Gebieten und somit auch an Erlangung der Eigentumsrechte dieser Grundstücke interessiert sind. Dies hat in Thailand eine *„spezielle Dynamik, weil hier eine seit vielen Jahren laufende Landreform daran arbeitet, die traditionell informellen Formen des Landbesitzes in ein an westlichen Rechtstraditionen orientiertes Eigentumsrecht umzuwandeln.“*[20] Wenn diese einflussreichen Geschäftsleute (oft mit Hilfe von Verwandten und Bekannten = sog. „Strohmänner“) die Grundstücke erst einmal kontrollieren, organisieren sie ungeachtet der sozialen und naturräumlichen Gegebenheiten und Wertschätzungen die „touristische Inwertsetzung“.[21]

Vor Ort fehlt es an regionalen Strukturplanungen, die diesen Prozessen entgegensetzen könnten. Die liberalistische traditionelle Regierung steht den formulierten Erhaltungs-, Steuerungs- und Schutzzielen für die Tourismuserschließung der TAT und anderen Behörden im Weg, indem sie keine entsprechenden juristischen Sanktionsmöglichkeiten formuliert.[22]

---

[17] Reuber, Paul: Probleme des Tourismus in Thailand, S. 16.
[18] Libutzki, Oliver: Strukturen und Probleme des Tourismus in Thailand, S. 689.
[19] Reuber, Paul: Probleme des Tourismus in Thailand, S. 16.
[20] Reuber, Paul: Probleme des Tourismus in Thailand, S. 16.
[21] Reuber, Paul: Probleme des Tourismus in Thailand, S. 16.
[22] Reuber, Paul: Probleme des Tourismus in Thailand, S. 17.

Als wohl größte Behinderung und gleichzeitige Ursache für das Weiterbestehen der beschriebenen Probleme muss die Korruption in Thailand herausgestellt werden. So werden Kontrollen und Strafandrohungen in vielen administrativen Bereichen und Ebenen in den Provinzen Thailands gerade durch Korruption verhindert.[23] Durch Bestechung der Behörden gelingt es einheimischen und ausländischen Investoren trotz Proteste verschiedener Naturschutzgruppen immer wieder Hotelanlagen in empfindlichen und amtlich geschützten Nationalparks aufzubauen (z.B. Phi Phi Island oder Bang Tao Bay in Phuket).[24] Auch gegen versprochene Gewinnbeteiligungen für zuständige Beamte an fast allen Badeorten werden Kontrollen zur Einhaltung der Umweltauflagen (Müll- und Abwasserentsorgung) und Sicherheitsvorschriften der Hotelanlangen, Transportmittel und motorbetriebenen Sportgeräten (wie Jetskis) ignoriert. An so gut wie allen Badeständen kontrolliert eine lokale Mafia, die eng mit der Polizei zusammenarbeitet, die Vermietung der Strandliegen und Sonnenschirme.[25] Selbst Fünf-Sterne Hotels können ihre exquisiten und Gratis zur Verfügung stehenden Liegen nicht aufstellen, weil die Mafia in diesem Falle häufig mit Gewalt droht.[26]

3.2. Wasserversorgung und Abwasserbeseitigung

Gerade in regenarmen Zeiten führt der erhöhte Wasserverbrauch der Touristen in Süd- und südostasiatischen Ländern zu Wasserknappheit, was u.a. in Thailand dadurch verschärft wird, dass häufig Anlagen auf Inseln oder in Küstengebiete nur eine dezentrale Wasserversorgung besitzen. Meist sind nur Hotels in den Städten an eine öffentliche Versorgung angeschlossen.[27] Ein Teufelskreis beginnt durch Brunnenbau, was das Wasservorkommen schnell aufbraucht weswegen wieder neue Brunnen gebaut werden. Durch die hohen Temperaturen kommt es zur Verdunstung des Wassers, was dazu führt, dass viele Wasserquellen Salinitätsprobleme, also Wasser mit zu hohen Salzgehalten, aufweisen. Nur wenige neue Hotels sind schon in Besitz von dezentralen geschlossenen Dreikammer-Kunststoffanlagen, die eine bessere Aufbereitung ermöglichen.[28]

---

[23] Libutzki, Oliver: Strukturen und Probleme des Tourismus in Thailand, S. 689.
[24] Libutzki, Oliver: Strukturen und Probleme des Tourismus in Thailand, S. 689.
[25] Libutzki, Oliver: Strukturen und Probleme des Tourismus in Thailand, S. 689.
[26] Libutzki, Oliver: Strukturen und Probleme des Tourismus in Thailand, S. 689.
[27] Reuber, Paul: Probleme des Tourismus in Thailand, S. 17.
[28] Reuber, Paul: Probleme des Tourismus in Thailand, S. 17.

Die übliche Beseitigung der Abwässer besteht darin, dass man sie ungeklärt ins Meer oder in die Vorfluter leitet. In Bungalowanlagen in Gebirgsregionen oder an den Küsten sorgen Sickergruben unter den Bungalows bis heute noch für das Auffangen der Fäkalien, was bedeutet, dass zur Hochsaison gerade an den Stränden oftmals die Kapazitäten dieser Gruben überschritten werden und somit Abwasser ins Grundwasser gelangen kann.[29]

3.3. Müllentsorgung

Bei der Müllentsorgung gibt es ähnliche Konsequenzen für Mensch und Umwelt. Viele Touristen hinterlassen auch viel Müll und werfen diesen nicht immer in dafür vorgesehene Behältnisse, sondern lassen ihn achtlos in der Natur liegen, womit Thailands Entsorgungssystem überfordert zu sein scheint. Besonders schwerwiegend sind die riesigen Mengen Plastikmüll, die Hunderte Tagestouristen auf den vorgelagerten Inseln Pattayas und im empfindlichen Archipel der Andamansee rücksichtslos hinterlassen, was zu einem echten Umweltproblem für diese und auch andere Regionen Thailands geworden ist.[30]

Eine der gängigsten Methoden in vielen Staaten Süd- und Südostasiens ist die Verbrennung oder Vergrabung von Abfall jeglicher Art. Bei kleineren Hotel- oder Ferienanlagen geschieht dies meist in hinteren Ecken auf dem Gelände, bei etwas größeren Anlagen sorgt eine Müllabfuhr dafür, dass alles ins Inland zu einer zentralen Deponie gefahren wird. Diese zentralen Deponien sind meist ungesicherte, nicht geschlossene Erdlöcher, die also nicht vor Niederschlägen schützen, was gerade in Monsunzeiten zerstörerische Folgen nach sich zieht. Viele Schadstoffe dieser Altlasten gelangen ins Grundwasser.[31] In Südthailands touristischen Zentren Ko Samui und Phuket wurden zwei neue Müllverbrennungsanlagen gebaut und als Fortschritt in der Problembewältigung angesehen.[32] Durch den Verbrennungsprozess werden aber verschiedene Toxine und Schwermetalle hochkonzentriert in Form von Abgasen oder Verbrennungsasche in die Umwelt entlassen, weshalb eine Bewertung als Fortschritt bzw. Verbesserung der Situation hier fragwürdig bleibt. Ein tatsächlicher Fortschritt wäre die Einführung von Mülltrennung und –recycling, wie sie seit Mitte der 90er Jahre eingeführt wurde und sich nach und nach etablieren.

---

[29] Reuber, Paul: Probleme des Tourismus in Thailand, S. 17.
[30] Libutzki, Oliver: Strukturen und Probleme des Tourismus in Thailand, S. 688-689.
[31] Reuber, Paul: Probleme des Tourismus in Thailand, S. 18.
[32] Reuber, Paul: Probleme des Tourismus in Thailand, S. 18.

Wenn man von den Konsequenzen für die Umwelt spricht, sollte man nicht außer Acht lassen, dass auch die Lagerung und die Verteilung von Kraftstoff in Form von „offenen" Tankstellen oder Dieselgeneratoren neben der Müll- und Abwasserversorgung eine erhebliche Rolle spielen. Durch Verdunstung oder durch Lecks in defekten Behältnissen können ebenso Giftstoffe in die Umwelt gelangen.[33]

3.4. Sextourismus – die soziale Schattenseite des Tourismus

„Massenmedial wurde und wird das Phänomen Sextourismus oft mit Bildern von häßlichen, bierbäuchigen, tätowierten, weißen Touristen dokumentiert, die aufgeschwemmt und bierselig, bekleidet mit vor Ort gekauften grellen Billighemden und bedruckten T-Shirts, in einem Arm eine sehr viel besser gekleidete, junge, asiatische Frau haben und mit dem anderen Bierkrüge schwenken."

(Dieter Kleiber / Martin Wilke)

Diese Bilder mögen für viele ekelerregend und abschreckend wirken. Gleichzeitig haben sie für eine bestimmte Zielgruppe auch eine magisch anziehende und faszinierende Wirkung. Doch wer genau ist diese Zielgruppe?

3.4.1. Begriffsdiskussion und die Entwicklung des Sextourismus in Thailand

Der Spiegel berichtete erstmals 1974 über so genannte Sextouristen und „Bumsbomber" in dem Artikel „Bangkok: Jermans here velly happy". Seitdem hat sich der Begriff „Sextourismus" etabliert, nahezu alle nachfolgenden populärwissenschaftlichen Artikel zu diesem Thema haben diesen Begriff übernommen. Doch kaum ein Journalist machte sich die Mühe, den Begriff zu klären.[34] Was ist eigentlich Sextourismus? Wer oder was ist überhaupt ein Sextourist? Ist es auch der Entwicklungshelfer, der mit einer einheimischen Frau sexuellen Kontakt hatte und dadurch sie und ihre Familie unterstützt? Ist es derjenige, der vorsätzlich in ein Land reist, um für wenig Geld Sex zu haben? Muss es immer ein Tourist sein oder nicht auch ein Geschäftsreisender und definiert es sich über die finanzielle Bezahlung, also über

---

[33] Reuber, Paul: Probleme des Tourismus in Thailand, S. 18.
[34] Kleiber, Dieter/Wilke, Martin: Aids, Sex und Tourismus, S. 25.

den Austausch Sex gegen Geld? Gefährlich wird es, wenn stereotype Bilder als Definitionen herangezogen werden, indem man davon ausgeht, dass Personen der Ersten Welt mit Angehörigen der Dritten Welt Sex haben, denn dadurch kann ein Rassismus entstehen, der es als ethnisch unhaltbar ansieht, dass Menschen unterschiedlicher Rassen miteinander sexuellen Kontakt hätten.[35] Eine anwendungsbezogene Begriffserklärung für deutsche „Sextouristen" oder auch „Prostitutionstouristen", die für diese Arbeit als Vorlage fungieren soll, bieten KLEIBER und WILKE. Sie wurde im Rahmen einer Umfrage deutscher Urlauber und Sextouristen Anfang der 90er Jahre formuliert:

„Sextouristen sind alle Personen, die aus der Bundesrepublik kommend in einem Land der Dritten Welt, in dem sie sich befristet (zumeist zu Urlaubszwecken, z.T. aber auch Geschäftsleute, Tagungsreisende o.ä.) aufhielten, Sex mit einheimischen Frauen/Männern gegen Geld oder Sachleistungen gehabt haben."[36]

Weiterhin soll angemerkt werden, dass sich in den Recherchen oft unterschiedliche Angaben gefunden haben wenn es sich zum Beispiel um Schätzungen oder anderen Zahlenangaben bezüglich der Anzahl von Prostituierten in Thailand o.Ä. handelte. Um dennoch wenigstens in gewissen Dimensionen Einblicke zu bekommen, werden einige Zahlen, obwohl sie ungenau sein können, genannt. Es ist davon auszugehen, dass meistens eine nicht unerhebliche Dunkelziffer hinzuaddiert werden kann. Beispielsweise seien Schätzungen der jährlichen Anzahl ausländischer Sextouristen in Thailand zwischen 900.000 und 1 Mio., davon ca. 10% Deutsche, einzuordnen und nach Angaben der WHO gab es 1995 80.000 Prostituierte in Thailand.[37] Andere Quellen behaupten, es wären jährlich 400.000 deutsche Sextouristen und dass Deutschland damit im „Länderranking" auf Platz 3 (hinter Großbritannien und den USA) stünde.[38] Solche Angaben sind also oftmals mit kritischer Distanz zu betrachten, zumal, wie im letzteren Beispiel, nicht immer ersichtlich ist, woher diese Schätzungen ihre Daten beziehen. Sextourismus empirisch zu erfassen, ist schwierig, sei es die Anzahl der Prostituierten oder die der Sextouristen, wobei es sich hier allein schon als kompliziert gestaltet, eine geeignete Definition zu finden.

---

[35] Kleiber, Dieter/Wilke, Martin: Aids, Sex und Tourismus, S. 26.
[36] Kleiber, Dieter/Wilke, Martin: Aids, Sex und Tourismus, S. 28.
[37] Reuber, Paul: Probleme des Tourismus in Thailand, S. 19.
[38] KoChangvr: Thailand - Prostitution, Sextourismus & Kinderprostitution, unter:
http://www.kohchangvr.de/thailandsprostitution/sextourismusthailands.htm, eingesehen am 19.11.2009.

Thailand hat im Bereich des Sextourismus eine ganz besondere Vorreiterrolle gespielt und zählt heute weltweit wohl als bekannteste Destination der Sextouristen.[39] In der Forschung ist die einstimmige Meinung, dass der Anstoß dafür die Stationierung der US-Truppen während des Vietnamkrieges war. Ungefähr 40.000 Soldaten waren zwischen 1962 und 1976 fest in Thailand stationiert und weitere 70.000 Soldaten waren zwischen 1966 und 1971 zum Fronturlaub dort.[40] Nach ein paar Monaten Kriegseinsatz wurden US-Soldaten zum „Rest and Recreation-Urlaub" nach Thailand geschickt, damit sie einsatzwillig und –fähig bleiben würden. Nach Abzug der Truppen wurde die Infrastruktur für den seit Anfang der 70er Jahre verstärkten Tourismus übernommen und der Sextourismus begann zum Markenzeichen Thailands zu werden.[41]

3.4.2. AIDS

Der Sextourismus hat neben seinen gesellschaftlichen, wirtschaftlichen und kulturellen Einflüssen mit der Ausbreitung von AIDS auch eine gesundheitliche Ebene erreicht. Laut *The Joint United Nations Programme on HIV/AIDS* (UNAIDS) und der WHO waren 2001 noch 650.000 Menschen in Thailand (1,8% der Bevölkerung) mit dem HI-Virus infiziert (siehe Abb.05). Dank verstärkt motivierter Aufklärungskampagnen ist diese Zahl etwas zurückgegangen, 2007 waren es jedoch immer noch knapp über 600.000 AIDS kranke Thailänder (Abb.05).[42] An der Verbreitung des lebensgefährlichen Virus haben die Prostituierten einen wesentlichen Anteil.[43] Einen deutlich sichtbaren Einfluss der Aufklärungskampagnen, die beispielsweise auf die Dringlichkeit der Benutzung eines Kondoms hinweisen, lässt sich an der Zahl der wegen AIDS gestorbenen Menschen in Thailand nachvollziehen. Waren es 2001/2002 noch ca. 65.000, wurde die Zahl bis 2007 halbiert (Abb.05).[44]

---

[39] Kleiber, Dieter/Wilke, Martin: Aids, Sex und Tourismus, S. 38.
[40] Kleiber, Dieter/Wilke, Martin: Aids, Sex und Tourismus, S. 38.
[41] Kleiber, Dieter/Wilke, Martin: Aids, Sex und Tourismus, S. 39.
[42] UNAIDS/WHO: Thailand. Epidemiological Country Profile on HIV and AIDS 2008, unter: http://apps.who.int/globalatlas/predefinedReports/EFS2008/short/EFSCountryProfiles2008_TH.pdf, eingesehen am 20.11.2009.
[43] Reuber, Paul: Probleme des Tourismus in Thailand, S. 19.
[44] UNAIDS/WHO: Thailand. Epidemiological Country Profile on HIV and AIDS 2008.

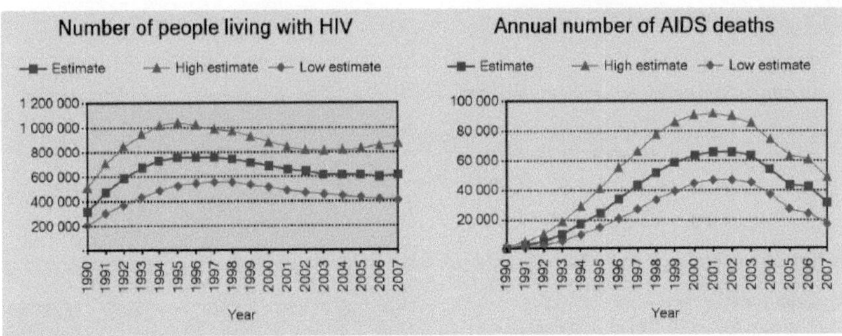

Abb. 05: Quelle: UNAIDS/WHO: Thailand. Epidemiological Country Profile on HIV and AIDS 2008.

3.4.3. Kinderprostitution

Sextourismus missachtet die Menschenrechte. Dies wird in den nicht fassbaren Ausmaßen der Kinderprostitution und –verschleppung deutlich. Auch hier gelingt es verschiedenen Instituten nicht, genaue Angaben zu machen. Das thailändische *Ministry of Public Health* gibt eine Zahl zwischen 12.000-35.000 Kinderprostituierten an. Organisationen wie ECPAT (*End Child Prostitution in Asian Tourism*) oder dem *Centre for the Protection of Children´s Rights* (CPCR) meinen jedoch, dass selbst diese allein schon für sich stehenden Zahlen als deutlich zu niedrig geschätzt seien.[45] Eine große Gefahr besteht auch in dem Image als „Pädophilen-Paradies", was Thailand seit Anfang der 90er Jahre innehat, worauf noch mehr Massen von pädophilen Sextouristen einfielen.[46] In der Öffentlichkeit wird dieses Thema seitdem stark diskutiert und gerade den beiden o. g. Organisationen ist es zu verdanken, dass Gegenmaßnahmen unternommen werden. Diese äußern sich vor allem in der Verschärfung der Strafmaßnahmen und –verfolgung, der Bekämpfung von korrupten Verflechtungen der Bordellbetreiber vor Ort sowie einer verbesserten (internationalen) Zusammenarbeit mit den zuständigen Behörden in den Heimatländern der pädophilen Touristen. Jedoch bleibt laut ECPAT und CPCR trotz einiger vorliegender Präzedenzfälle mit Höchststrafe die Bekämpfung vieler Probleme und Strukturen, die mit (Kinder-)Prostitution in Verbindung stehen, für die Zukunft noch weitgehend ungelöst.[47]

---

[45] Reuber, Paul: Probleme des Tourismus in Thailand, S. 19.
[46] KoChangvr: Thailand - Prostitution, Sextourismus & Kinderprostitution, eingesehen am 19.11.2009.
[47] Reuber, Paul: Probleme des Tourismus in Thailand, S. 19.

3.4.4. Settings des Sextourismus

„An den ersten zwei, drei Bars kommst du vorbei, aber dann bei der vierten ziehen sie dich

rein."

(deutscher Urlauber o. N.)[48]

In fast allen thailändischen Tourismuszentren herrscht ein dichtes, ausgedehntes Angebot verschiedenster sexueller Dienstleistungen, welches praktisch jedem Touristen begegnet. Überall werden Touristen angesprochen und nach sexuellen Kontakten jeglicher Art befragt.[49]

Noch heute gilt Thailand als beliebtes Urlaubsziel für deutsche Sextouristen. Die wichtigsten „Sextourismuszentren", die sich im Laufe der Jahre herausgebildet haben, sind die Hauptstadt Bangkok sowie die Ferienzentren Phuket und Pattaya. Dort ist die Infrastruktur besonders auf den ausländischen Sextourismus ausgelegt. Hier gibt es Hotels mit ihren so genannten Coffee-Shops, Massagesalons (Bordelle), Nachtclubs, Go-Go-Bars, Restaurants und Bars ausländischer Besitzer in denen Prostituierte und Touristen am häufigsten in Kontakt kommen.[50]

In den Coffee-Shops (rund um die Uhr geöffnete Restaurants), die in Thailand fast jedes Touristenhotel besitzt, arbeiten vorwiegend „Free Lancer", also Prostituierte die auf eigene Rechnung arbeiten. Die Sextouristen brauchen meistens auf der Suche nach sexuellen Kontakten das Hotel nicht einmal zu verlassen, denn das Personal selbst vermittelt auf Wunsch Prostituierte an die Gäste.

Offiziell ist Prostitution in Thailand verachtet und verboten, trotzdem verdienen viele (junge) Frauen damit Geld um sich und ihre Familie zu versorgen, jedoch spricht man im Privaten nicht darüber. Vor diesem Hintergrund fungieren so genannte Massagesalons als Bordelle, da man keine explizit als Bordell bezeichneten Etablissements findet.[51] In diesen Salons bekommt der Kunde eine Mischung aus Massagen und sexuellen Kontakten. Der Tourist sieht in der Regel durch eine getönte Einwegscheibe in einen hell erleuchteten Raum mit Frauen

---

[48] Ein junger Urlauber in einer Befragung, in: Kleiber, Dieter/Wilke, Martin: Aids, Sex und Tourismus, S. 78.

[49] Kleiber, Dieter/Wilke, Martin: Aids, Sex und Tourismus, S. 78.

[50] Kleiber, Dieter/Wilke, Martin: Aids, Sex und Tourismus, S. 76.

[51] Kleiber, Dieter/Wilke, Martin: Aids, Sex und Tourismus, S. 76.

in Bikinis, die mit Nummern versehen auf Bänken sitzen. Auf Anfrage bei einem so genannten Manager kann der Kunde nun mit den gewünschten Frauen in Kontakt treten.[52]

In den Nachtclubs und Bars herrscht dagegen ein Auslösesystem, indem Sextouristen mit Angestellten, die sie vorher in einer Show o.ä. gesehen haben, gegen Bezahlung die Nacht verbringen können. Über die Höhe der Bezahlung herrscht kein einheitliches System, da das Preisniveau sehr unterschiedlich ausfallen kann. Darüber hinaus gibt es in Thailand sowohl billige Straßenprostitution und teure Escortservices. Jedoch haben die meisten Sextouristen, die schon öfter in Thailand waren, Stammkneipen in denen sie ihre Frauen vom Besitzer der Bar bekommen. Besonders deutsche Sextouristen berichten davon, dass diese Bars auch oft von Deutschen oder Österreichern geführt werden und als Kommunikationszentrum für Angehörige einer Nation, also Informationsbörse und Treff dienen. Sie werden dort an asiatische Frauen vermittelt sofern sie nicht schon eine Begleitung aus früheren Besuchen haben. Diese vielseitigen Etablissements in den Sextourismuszentren prägen das Stadtbild mit ausländischen Touristen, die von asiatischen Frauen begleitet werden. Nach häufigen Besuchen über Jahre hinweg entstehen häufig Bekanntschaften mit einheimischen Frauen, die bei jedem erneuten Besuch regelmäßig in Anspruch genommen werden. Viele Touristen sehen diese Art sogar als ökonomisch sinnvoller an, da sie eine Art „Zeitmengenrabatt" bekommen. Darüber hinaus wird ein eventuelles schlechtes Gewissen wegen der Prostitution schnell vergessen, da sich aufgrund dieser Kontaktpflege bei den meisten ein Gefühl von Freundschaft oder sogar Liebesbeziehung einstellt, was mit Prostitution nichts mehr zu tun habe.[53]

3.4.5. Eigenschaften deutscher Sextouristen

Um einen Überblick über Altersstruktur, Familienstand, Reiseverhalten und anderen Eigenschaften deutscher Sextouristen zu bekommen, sollen die nachstehenden Statistiken, die aus den Umfragen von KLEIBER und WILKE Anfang der 90er Jahre hervorgingen, präsentiert werden. Es wird jedoch nur ein Bruchteil der sehr umfangreichen Erhebung dargestellt.

---

[52] Kleiber, Dieter/Wilke, Martin: Aids, Sex und Tourismus, S. 76.
[53] Kleiber, Dieter/Wilke, Martin: Aids, Sex und Tourismus, S. 77.

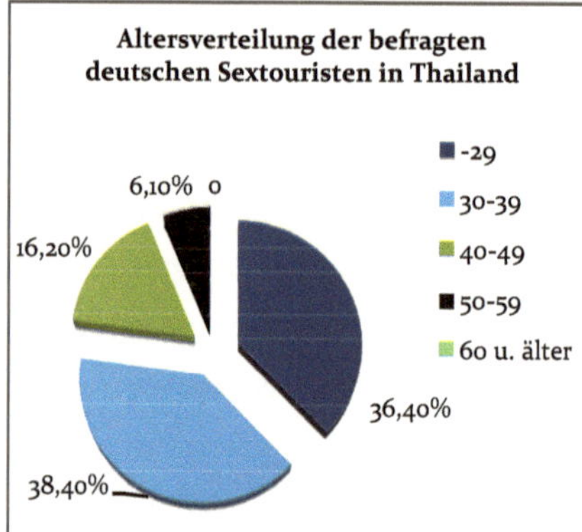

Abb. 06: eigene Darstellung: Quelle: Kleiber, Dieter/Wilke, Martin: Aids, Sex und Tourismus, S. 107.

Die Altersverteilung (Abb. 06) der deutschen Sextouristen ergab, dass der Großteil zwischen 30 und 40 Jahre und jünger als 30 Jahre war. Eine weitere Erkenntnis ist jedoch, dass Sextouristen in fast allen Altersschichten vorzufinden sind.

Nicht sonderlich überraschend war bei der Befragung des Familienstandes (Abb. 07), dass ca. 91% der deutschen Sextouristen ledig oder geschieden sind. Nur sehr wenige sind verwitwet oder leben getrennt. Verheiratete Sextouristen sind deutlich unterrepräsentiert.

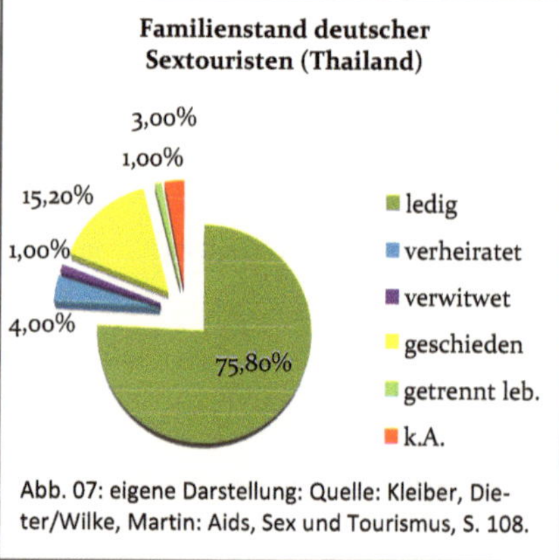

Abb. 07: eigene Darstellung: Quelle: Kleiber, Dieter/Wilke, Martin: Aids, Sex und Tourismus, S. 108.

Die Erhebung des Ausbildungsabschlusses (Abb. 08) ergab, dass über die Hälfte der befragten deutschen Sextouristen einen schulabschluss hatten und 7 % ohne Hauptschulabschluss waren. Ca. ein Fünftel hatte einen Abschluss bei einer Mittelschule (Realschule), immerhin jeder zehnte befragte hatte einen Hochschulabschluss.

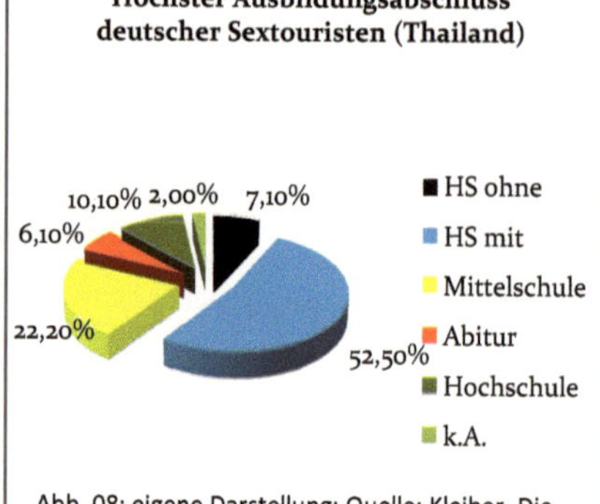

Abb. 08: eigene Darstellung: Quelle: Kleiber, Dieter/Wilke, Martin: Aids, Sex und Tourismus, S. 109.

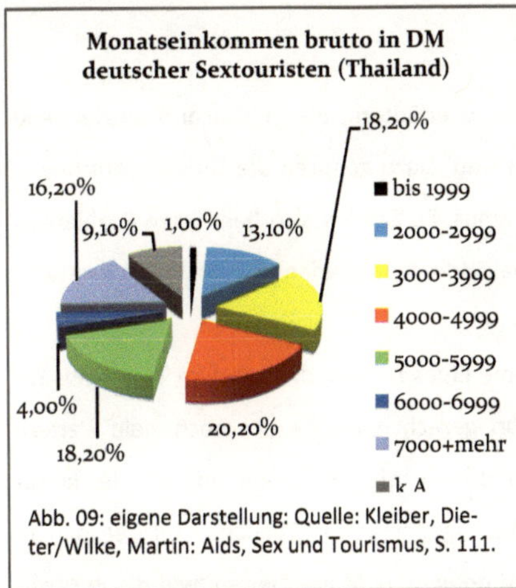

Abb. 09: eigene Darstellung: Quelle: Kleiber, Dieter/Wilke, Martin: Aids, Sex und Tourismus, S. 111.

Der Anteil der Sextouristen ist, gemessen am Monatseinkommen (Abb. 09), relativ gleich verteilt, wobei deutlich wird, dass eine gewisse finanzielle Basis nötig ist, um sich den Urlaub überhaupt leisten zu können.

Geradezu erschreckend ist die Kondombenutzungsrate beim Geschlechtsverkehr (Abb. 10). Gerade einmal die Hälfte aller deutschen Sextouristen benutzt einen Kondom und knapp ein Drittel nie. In Anbetracht der Statistiken der HIV-infizierten und Todesfälle durch AIDS in Thailand (siehe Abb. 05 in Kap. 3.4.2.) kann dieses Ergebnis nur als alarmierend eingestuft werden.

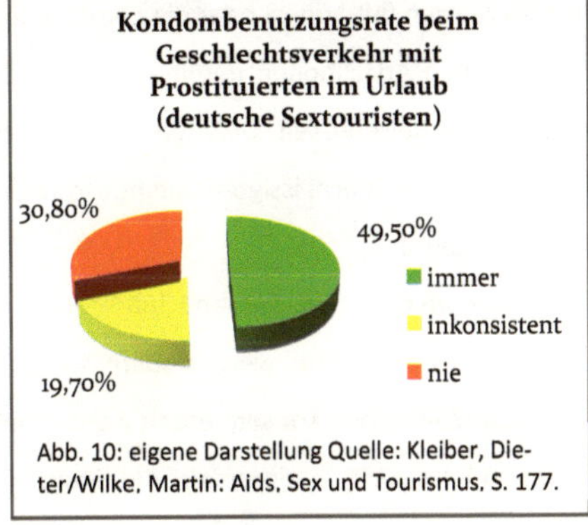

Abb. 10: eigene Darstellung Quelle: Kleiber, Dieter/Wilke, Martin: Aids, Sex und Tourismus, S. 177.

Zusammenfassend kann man sagen, dass deutsche Sextouristen aller Schichten, Altersgruppen, jeden Bildungsstandes sexuellen Kontakt mit Einheimischen im Urlaub gehabt haben. Überwiegend jedoch waren es ledige oder geschiedene Männer zwischen 30 und 40 Jahren und unter 30 Jahren. Eine Grundvoraussetzung für einen Urlaub mit geplantem sexuellen Kontakt ist, ausreichend Geld zu haben, wobei es bei der Umfrage Hinweise gab, dass Männer aus sozial besser gestellten, bzw. besser verdienenden Schichten nicht nach Thailand führen um preisgünstig Sex zu haben sondern eher zu Prostituierten im Heimatland gingen. Dies erklärt, warum diese Klientel eher unterrepräsentiert war.

4. Schlussbemerkung

Ich habe mich bemüht, die Tourismusprobleme zu erläutern, die in Thailand mittlerweile Alltag und aus dem Urlaub nicht wegzudenken sind. Dazu gehören die Umweltverschmutzung, Korruption und nicht zuletzt der Sextourismus. Es handelt sich bei diesen Problemen außerdem vorrangig um Situationen, die von thailändischen Medien und Politikern verstärkt diskutiert und angeprangert werden.

Es gestaltet sich schwierig, ein Bild über Probleme eines Landes, die aus dem Tourismus resultieren, zu zeichnen, das der Situation vor Ort gerecht wird. Es gibt noch viele weitere Probleme, die je nach Schwerpunktsetzung genauso wichtig erscheinen, wie z.B. der kulturelle Verfall verschiedener traditioneller Bevölkerungsgruppen in Thailand, auf den hier in dieser Arbeit nicht eingegangen wurde. Viele ethnologische Minderheiten, wie die Bergvölker im Norden (hill tribes) oder die Seezigeuner im Süden (Provinz Phang Nga) werden in die touristischen Attraktionen miteinbezogen und haben seit Anfang 1980er Jahre regelmäßig Besuch von Reisebussen. Dies führte dazu, dass sie ihre traditionellen Lebensweisen mehr oder weniger vernachlässigten und mittlerweile auf den Souvenirverkauf als Lebensunterhalt umgestiegen sind.[54]

Die Frage, ob nach dem Tsunami 2004 gerade der Sextourismus als finanzielle Unterstützung als das Beste bezeichnet werden sollte, was *„denen passieren kann"*[55], gerade in Hinblick auf die gesundheitlichen Konsequenzen wenn man sich die Kondombenutzungsraten (Abb. 10 in Kap. 3.4.5.) ansieht, andererseits die finanziellen der Nöte thailändischer Frauen und ihrer Familien soll an dieser Stelle jeder selbst nach eigenen Wertemaßstäben bewerten. Sicherlich ist fraglich, ob sich eine allgemein formulierte Antwort finden ließe.

---

[54] Libutzki, Oliver: Strukturen und Probleme des Tourismus in Thailand, S. 687.
[55] O.A.: Die Rückkehr der Sextouristen - Tsunami, Armut + Gewalt ¼, unter: http://www.youtube.com/watch?v=4AVwyxSm2X8, eingesehen am 22.11.2009.

5. Quellen- und Literaturverzeichnis

5.1. virtuelle Quellen

KoChangvr: Thailand - Prostitution, Sextourismus & Kinderprostitution, unter: http://www.kohchangvr.de/thailandsprostitution/sextourismusthailands.htm, eingesehen am 19.11.2009.

Tourism Authority of Thailand, Ministry of Tourism and Sports, unter: http://web.nso.go.th/, eingesehen am 21.11.2009.

UNAIDS/WHO: Thailand. Epidemiological Country Profile on HIV and AIDS 2008, unter: http://apps.who.int/globalatlas/predefinedReports/EFS2008/short/EFSCountryProfiles2008_TH.pdf, eingesehen am 20.11.2009.

Video: Die Rückkehr der Sextouristen - Tsunami, Armut + Gewalt ¼, unter: http://www.youtube.com/watch?v=4AVwyxSm2X8, eingesehen am 22.11.2009.

Wikipedia: Informeller Sektor, unter: http://de.wikipedia.org/wiki/Informeller_Sektor, eingesehen am 03.02.2010.

5.2. Sekundärliteratur

Buschmann, Karl-Heinz: Thailand. Reisen mit Insider-Tips, in: Ranft, Ferdinand: Marco Polo, 7. aktual. Aufl., Ostfildern 1999.

Kleiber, Dieter/Wilke, Martin: Aids, Sex und Tourismus. Ergebnisse einer Befragung deutscher Urlauber und Sextouristen (Schriftenreihe des Bundesministeriums für Gesundheit, Bd. 33), Baden-Baden 1995.

Libutzki, Oliver: Strukturen und Probleme des Tourismus in Thailand, in: Becker, Christoph u. a. (Hrsgg): Geographie der Freizeit und des Tourismus. Bilanz und Ausblick, 2. Aufl., München 2004, S. 679-690.

Reuber ,Paul: Probleme des Tourismus in Thailand, in: Geographische Rundschau, Jg. 55, Heft 3, 2003, S. 14-19.

6. Abbildungsverzeichnis

7. Abkürzungsverzeichnis

o. N.: ohne Namen

o. Ä.: oder Ähnliches

o. g.: oben genannt

Abb.: Abbildung